BEI GRIN MACHT SICH IHR WISSEN BEZAHLT

- Wir veröffentlichen Ihre Hausarbeit,
  Bachelor- und Masterarbeit

- Ihr eigenes eBook und Buch -
  weltweit in allen wichtigen Shops

- Verdienen Sie an jedem Verkauf

Jetzt bei www.GRIN.com hochladen
und kostenlos publizieren

Markus Jansen

Umgang mit dem Summenzeichen

Ausführliche Erklärungen und Anwendungen

GRIN Verlag

Bibliografische Information der Deutschen Nationalbibliothek:

Die Deutsche Bibliothek verzeichnet diese Publikation in der Deutschen National-bibliografie; detaillierte bibliografische Daten sind im Internet über http://dnb.d-nb.de/ abrufbar.

Impressum:

Copyright © 2014 GRIN Verlag GmbH
Druck und Bindung: Books on Demand GmbH, Norderstedt Germany
ISBN: 978-3-656-58715-6

Dieses Buch bei GRIN:

http://www.grin.com/de/e-book/268141/umgang-mit-dem-summenzeichen

GRIN - Your knowledge has value

Umgang mit dem Summenzeichen

Ausführliche Erklärungen und Anwendungen zu $\sum$

Markus Jansen

Inhaltsverzeichnis

Vorwort

> Mit Summen muss man als Student umgehen können, das kommt schließlich schon in der Grundschule dran. Das Summenzeichen erweitert die bekannte Addition zweier Zahlen lediglich auf endlich viele Summanden.

Aus mathematischer Sicht ist gegen diese Aussage eigentlich nichts einzuwenden. Trotzdem sollte man dem Umgang mit Summen und dem Summenzeichen etwas mehr Bedeutung beimessen und den Umgang damit nicht als „Trivialität der Grundschule" abtun. In vielen mathematischen Einstiegsvorlesungen wird das Summenzeichen als bekannt vorausgesetzt, weshalb man darauf nicht weiter eingeht. Aus eigener Erfahrung weiß ich aber, dass das in den wenigsten Fällen so ist. Sicherlich spielt der inflationäre Gebrauch des Taschenrechners eine große Rolle; und das nicht nur auf den Umgang mit Summen sondern allgemein auf das Mathematikverständnis bezogen. Die verkürzte Schulzeit und Konzentration auf „das Wesentliche" tut dann ihr übriges. Da man aber um den Umgang mit Summen (und Produkten und trigonometrischen Funktionen und Logarithmen und...was alles einmal Schulstoff war und nun an der Hochschule schnellstmöglich nachgeholt werden muss) in einem naturwissenschaftlichen Studium nicht herum kommt, sollten diese „Grundlagen der Grundschulausbildung" möglichst bald nachgeholt werden.

Für wen ist diese Übersicht geschrieben?

Diese Übersicht ist aus einer kurzen Zusammenfassung zum Umgang mit Summen für drei meiner Nachhilfeschüler entstanden. Dabei wollte ich sowohl verständlich als auch mathematisch korrekt den Umgang mit Summen festhalten und an einigen Beispielen die Anwendung erklären. Da ich diese Übersicht auch später noch in diversen Nachhilfestunden verwendet habe, lag irgendwann der Gedanke nahe meine Ausführungen zu erweitern und mehr Leuten zugänglich zu machen. Letztendlich ist eine recht umfangreiche Beschreibung zu Summen entstanden, die sowohl die Bedeutung und Verwendung des Summenzeichens erklärt als auch die Anwendung in ausgewählten Aufgaben vorführt. Die Inhalte einer Mathematikvorlesung werden dadurch natürlich nicht aufgearbeitet, vielmehr soll es eine Ergänzung zu den kurzen und möglicherweise nicht ausreichenden Erklärungen zum Summenzeichen während einer Vorlesung oder eines Tutoriums sein. Bloß weil man während eines Tutoriums nachvollziehen kann, was an der Tafel passiert, muss das bei einer anderen Aufgabe die man selbst lösen soll nicht auch so sein.

Wenn ich ein „Zielpublikum" benennen müsste, so wären dies Studenten der Anwendungswissenschaften (Physik, Chemie, Ingenieurstudiengänge etc.). Allerdings soll das natürlich die anderen Studiengänge nicht ausschließen, es ist nicht einmal auf Studenten beschränkt sondern kann auch von Schülern gelesen werden. Lediglich für Mathematikstudenten eine kleine Warnung: bei allen Bemühungen um mathematische Korrektheit leidet unter der Zielsetzung der anschaulichen Erklärung ein wenig die Exaktheit. Beweise werden nicht geführt, evtl. auch mal ein paar Voraussetzungen unter den Tisch fallen gelassen. Für (rein) mathematische Kontexte, sollte man also noch etwas genauer arbeiten.

Bei weiteren Fragen oder Unklarheiten...

...fragen sie bitte Ihren Mathematiker oder Apotheker. Falls beide nicht weiterhelfen können, gibt es aber natürlich auch andere Möglichkeiten, offene Fragen zu klären.

Eine gute Anlaufstelle im Internet ist `http://www.matheboard.de`, wo man kostenlos Hilfe zu seinen Problemen bekommen kann.

Anmerkungen und Korrekturen können gerne direkt an markus.jansen2@rwth-aachen.de geschickt werden. Auch Fragen können gerne an diese Adresse geschickt werden, wobei ich mich nur um eine zeitnahe Antwort bemühen, diese aber nicht garantieren kann.

1 Pünktchenschreibweise

Eine Summe ist in der Mathematik das Ergebnis einer Addition, im einfachsten Fall also eine Zahl, die durch Addition zweier Zahlen entsteht. Neben Zahlen können natürlich noch andere mathematische Objekte addiert werden (Funktionen, Matrizen etc.), ebenso können Summen sich nicht nur auf zwei Summanden beschränken. Es kann eine beliebig Anzahl endlich vieler oder auch unendlich vieler Summanden vorkommen. Gerade bei sehr vielen Summanden ist es daher zweckmäßig, eine einheitliche Schreibweise zu vereinbaren. Auf Summen mit unendlich vielen Summanden, sogenannte Reihen, werden wir dabei nicht explizit eingehen.

Für Summen mit endliche vielen Summanden kann man die Pünktchenschreibweise nutzen, um sich die Summe bzw. den Aufbau der Summe etwas besser zu veranschaulichen.

„Die Summe der Zahlen von 1 bis n für eine natürliche Zahl n" lässt sich etwa schreiben als: $1 + 2 + 3 + \cdots + n$. Die Pünktchen stehen hierbei für alle „ausgelassenen" Summanden, die zwischen der 3 und n liegen. Dabei ist wichtig, dass die Pünktchen auf eindeutige Art und Weise interpretiert werden können und die Darstellung noch übersichtlich ist.

$1 + 2 + 3 + 4 + 5 + 6 + 7 + 8 + 9 + 10 + 11 + 12 + 13 + 15 + 16 + 17 + 18 + 19 + 20$ wäre nicht übersichtlich und beschreibt auch nicht die Summe der Zahlen von 1 bis 20; die 14 kommt nämlich nicht als Summand vor. In diesem Fall wäre die Pünktchenschreibweise also nicht $1 + 2 + \cdots + 20$. Sie müsste aufgeteilt werden in $1 + 2 + \cdots + 13 + 15 + 16 + \cdots + 20$. Übersichtlich ist weder die eine noch die andere Darstellung.

Für welche Summe steht $3 + 5 + 7 + \cdots + 19$? Auf den ersten Blick könnte man meinen, dass dies die Summe aller ungeraden Zahlen von 3 bis 19 ist. Allerdings könnte man auch argumentieren, dass dies die Summe aller **Prim**zahlen von 3 bis 19 ist. Zufällig sind nämlich gerade 3, 5 und 7 die ersten 3 ungeraden Primzahlen, 19 ist auch eine Primzahl. Die Pünktchenschreibweise ist in diesem Fall also nicht eindeutig.

Die Pünktchenschreibweise ist für die exakte Welt der Mathematik nicht geeignet und sollte möglichst nur zur eigenen Veranschaulichung eingesetzt werden. Aufgaben mit der Pünktchenschreibweise zu lösen sollte man vermeiden, vom Einsatz in Beweisen sollte man natürlich auch absehen. Stattdessen ist es notwendig, eine eindeutige Schreibweise zu verwenden, die keine solchen Missverständnisse aufkommen lässt. Dies führt letztendlich auf die Verwendung des Summenzeichen $\left(\sum \right)$.

2 Das Summenzeichen

Definition (Summenzeichen)

Seien $m, n \in \mathbb{Z}$ mit $m \le n$. Für jedes $k \in \mathbb{Z}$ mit $m \le k \le n$ seien reelle Zahlen $a_m, \ldots, a_n$ gegeben.[1] Dann schreibt man für die Summe dieser Zahlen: $\displaystyle\sum_{k=m}^{n} a_k$.

Der Umgang mit diesem Summenzeichen will gelernt sein (und ist in allen Teilbereichen der Mathematik eine notwendige Grundvoraussetzung). Wie geht man nun mit dieser Summe um? Zunächst kann es hilfreich sein, sich die Zahlen a_k als „Funktion" $a(k)$ vorzustellen. In diese Funktion setzt man nacheinander dann alle ganzen Zahlen zwischen m und n ein und schreibt sich die entstehenden Funktionswerte auf (die Funktionswerte sind dann genau diese Zahlen). Dabei muss man sicher stellen, dass diese Funktion für alle ganzen Zahlen zwischen m und n wohldefiniert ist. Es sollte also keine 0 im Nenner stehen, eine negative Zahl unter einer Wurzel sein oder ähnliche Verstöße gegen mathematische Grundregeln. Zum Schluss addiert man alle diese Funktionswerte.

Wir betrachten die Summe $\displaystyle\sum_{k=1}^{n} \frac{1}{k^2}$. In diesem Fall lautet unsere Funktionsvorschrift $a(k) = \frac{1}{k^2}$.
Dann sind die Funktionswerte gegeben durch:
$a(1) = \frac{1}{1^2} = 1$, $a(2) = \frac{1}{2^2} = \frac{1}{4}$, $a(3) = \frac{1}{3^2} = \frac{1}{9}$ und so weiter, bis wir bei den letzten Summanden angekommen sind, $a(n) = \frac{1}{n^2}$.

k ist hier die *Laufvariable* der Summe, es durchläuft nacheinander die Zahlen von 1 bis n, nimmt also nacheinander den Wert 1, dann den Wert 2, dann den Wert 3, dann den Wert etc. an. Wenn k den Wert n angenommen hat, ist der Vorrat an möglichen Werten aufgebraucht, weiter kann es nicht laufen. Mit der Pünktchenschreibweise würden wir hier also schreiben:

$$\sum_{k=1}^{n} \frac{1}{k^2} = \frac{1}{1^2} + \frac{1}{2^2} + \frac{1}{3^2} + \cdots + \frac{1}{n^2}$$

Der Startwert muss nicht immer 1 sein. Es kann auch sein, dass die Summe bei -3 oder 25 startet, das macht keinen Unterschied beim Vorgehen, solange die Bildungsvorschrift für alle vorkommenden Zahlen keine Probleme macht (Division durch 0 o.ä.). Ausgeschlossen ist jedoch, dass es sich bei Start- und Endwert nicht um ganze Zahlen handelt. $\displaystyle\sum_{k=\frac{5}{2}}^{\sqrt{61}}$ wäre also nicht möglich. Start- und Endwert müssen ganze Zahlen sein und der Endwert sollte größer oder zumindest gleich dem Startwert sein. Ist dies nicht der Fall, ist also der Endwert kleiner als der Startwert, so ist dies die leere Summe. Hierfür hat man den Wert 0 festgelegt (die leere Summe werden wir später noch einmal ansprechen). Sind die Werte für m, n und a_k explizit vorgegeben, kann man die Summe auch konkret berechnen und angeben.

---

[1] Man kann das Summenzeichen auch für andere Objekte definieren. Es können komplexe Zahlen $a_m, \ldots, a_n$ gegeben sein, es können Matrizen (gleicher Dimension) sein, es können Funktionen sein...man ist also nicht auf reelle Zahlen beschränkt.

3 Rechenregeln für Summen

Aus der Schule sollten die folgenden Gesetze bekannt sein:

1. Kommutativgesetz: $x + y = y + x$

2. Distributivgesetz: $a \cdot (b + c) = a \cdot b + a \cdot c$

3. Assoziativgesetz: $a + (b + c) = (a + b) + c = a + b + c$

Diese Gesetze lassen sich natürlich auch beim Umgang mit dem Summenzeichen anwenden, wobei wir uns zunächst das Distributivgesetz vornehmen. Das Kommutativgesetz vernachlässigen wir, da uns eine Vertauschung der Summanden keinen großen Vorteil bringt. Das Assoziativgesetz wird uns im nächsten Abschnitt wieder begegnen.

Für relle Zahlen $a_1, \ldots, a_n$ und $\lambda \in \mathbb{R}$ gilt:

$$\sum_{k=1}^{n} \lambda \cdot a_k = \lambda \cdot a_1 + \lambda \cdot a_2 + \cdots + \lambda \cdot a_n = \lambda(a_1 + a_2 + \cdots + a_n) = \lambda \cdot \sum_{k=1}^{n} a_k$$

Einen konstanten Faktor kann man also nach Belieben aus der Summe rausziehen oder umgekehrt in die Summe reinziehen. So lassen sich etwa die folgenden Umformungen machen:

$$\sum_{k=1}^{n} 2n = \sum_{k=1}^{n} 2 \cdot n = 2 \cdot \sum_{k=1}^{n} n$$

$$\sum_{j=4}^{9} \frac{3j^j}{2j+4} = \sum_{j=4}^{9} \frac{3 \cdot j^j}{2 \cdot (j+2)} = \sum_{j=4}^{9} \frac{3}{2} \cdot \frac{j^j}{j+2} = \frac{3}{2} \cdot \sum_{j=4}^{9} \frac{j^j}{j+2}$$

$$\sum_{l=0}^{n} x^{l+2} = \sum_{l=0}^{n} x^2 \cdot x^l = x^2 \cdot \sum_{l=0}^{n} x^l$$

Bei der letzten Summe werden die Potenzgesetze verwendet: $x^{l+2} = x^l \cdot x^2 = x^2 \cdot x^l$. Der Faktor x^2 ist dann unabhängig von der Laufvariable l und somit ein konstanter Faktor, also kann x^2 als Faktor vor die Summe gezogen werden. Eine Motivation für so eine Umformung, wird in den Übungsaufgaben nachgeliefert. Eine weitere Umformung befasst sich mit dem Auseinanderziehen von Summen.

Sind $a_1, \ldots, a_n$ und $b_1, \ldots, b_n$ reelle Zahlen, dann gilt: $\sum_{k=1}^{n} (a_k + b_k) = \sum_{k=1}^{n} a_k + \sum_{k=1}^{n} b_k$. In der ersten Summe muss dabei die Klammer um $a_n + b_n$ stehen, um Missverständnisse zu vermeiden. Anders gesagt: kommt in der Bildungsvorschrift eine Addition vor, so kann man die Summe aufteilen.

$$\sum_{j=3}^{7} \left(j + \frac{1}{j}\right) = \sum_{j=3}^{7} j + \sum_{j=3}^{7} \frac{1}{j}$$

$$\sum_{j=2}^{24} \frac{j^2 + j}{2} = \sum_{j=2}^{24} \left(\frac{j^2}{2} + \frac{j}{2}\right) = \sum_{j=2}^{24} \frac{j^2}{2} + \sum_{j=2}^{24} \frac{j}{2}$$

$$\sum_{k=1}^{n} \left(k^2 - k\right) = \sum_{k=1}^{n} \left(k^2 + (-1) \cdot k\right) = \sum_{k=1}^{n} k^2 + \sum_{k=1}^{n} (-1) \cdot k$$

In der dritten Summe soll angedeutet werden, wie man die Rechenregel auch auf eine Differenz in der Bildungsvorschrift erweitern kann. Den konstanten Faktor (-1) können wir vor die Summe ziehen, weshalb man die dritte Summe also noch weiter vereinfachen kann:

$$\sum_{k=1}^{n} \left(k^2 - k\right) = \sum_{k=1}^{n} k^2 + (-1) \cdot \sum_{k=1}^{n} k = \sum_{k=1}^{n} k^2 - \sum_{k=1}^{n} k$$

Allgemein gilt also auch: $\sum_{k=1}^{n} (a_k - b_k) = \sum_{k=1}^{n} a_k - \sum_{k=1}^{n} b_k$.

Für Multiplikation bzw. Division gilt diese Umformung im Allgemeinen nicht, d.h.

$$\sum_{k=1}^{n} a_n \cdot b_n \neq \sum_{k=1}^{n} a_n \cdot \sum_{k=1}^{n} b_n \text{ und } \sum_{k=1}^{n} \frac{a_n}{b_n} \neq \frac{\sum_{k=1}^{n} a_n}{\sum_{k=1}^{n} b_n}.$$

Diese (falschen) Umformungen sind beliebte Fehler und sollten unbedingt vermieden werden.

4 „Manipulation" von Summen

Es ist oft nötig, eine gegebene Summe an „die eigenen Bedürfnisse" anzupassen. Dafür gibt es im Wesentlichen zwei Möglichkeiten, die immer wieder vorkommen, sowie eine besondere Bauart von Summen, die sich stark vereinfachen lässt.

4.1 Abspalten/Hinzufügen von Summanden

Das Abspalten bzw. Hinzufügen von Summanden beruht größtenteils auf dem Assoziativgesetz für die Addition. Dieses besagt einfach ausgedrückt, dass in einer Summe nach Belieben Klammern gesetzt werden können, ohne dass sich der Wert der Summe ändert. Dies ermöglicht es, eine Summe neu zusammen zu fassen.

$$\sum_{k=1}^{5} k = 1 + 2 + 3 + 4 + 5 = 1 + 2 + (3 + 4 + 5) = 1 + 2 + \sum_{k=3}^{5} k$$

$$= (1 + 2 + 3) + 4 + 5 = \left(\sum_{l=1}^{3} l \right) + 4 + 5$$

$$= 1 + (2 + 3 + 4) + 5 = 1 + \left(\sum_{j=2}^{4} j \right) + 5$$

$$= (1 + 2) + 3 + (4 + 5) = \left(\sum_{h=1}^{2} h \right) + 3 + \left(\sum_{h=4}^{5} h \right)$$

Die Klammern sollten hier jeweils gesetzt werden, damit keine Verwechslungsgefahr besteht, was jetzt zur Summe bzw. zum Summenzeichen gehört und was nicht.

Diese Möglichkeit wird z.B. genutzt, um bei einer vollständigen Induktion eine Summe auf eine gewünschte Form zu bringen (sofern dies die Aufgabe verlangt). Bei einer typischen Induktionsaufgabe mit Summenzeichen erhält man im Induktionsschritt oftmals einen Ausdruck der Form $\sum_{k=1}^{n+1} a_k$. Um die Induktionsvoraussetzung anwenden zu können, würde man das gerne mit Hilfe von $\sum_{k=1}^{n} a_k$ ausdrücken (die Summe also nur noch bis n laufen lassen). Dies funktioniert genau mit dem oben beschriebenen Prinzip:

$$\sum_{k=1}^{n+1} a_k = \left(\sum_{k=1}^{n} a_k \right) + a_{n+1},$$ man zieht den letzten Summanden (den man erhält indem man für k einfach $n+1$ einsetzt) aus der Summe heraus und schreibt ihn als einzelnen Summanden.

Jetzt könnte man entsprechend die Induktionsvoraussetzung auf $\sum_{k=1}^{n} a_k$ anwenden.

Wenn man Summanden aus der Summe herausziehen und abspalten kann, so ist es auch

9

möglich, eine Summe um bestimmte Summanden zu erweitern. Dafür kann es verschiedene Gründe geben, Induktionsbeweise sind hier aber auch wieder beispielhaft zu nennen.

Angenommen wir haben die Summe $\sum_{k=1}^{n-1} \dfrac{k+1}{k^2+1}$ gegeben. Aus bestimmten Gründen würden wir diese Summe gerne von 0 bis $n+1$ laufen lassen. Um das zu erreichen, addiert man die benötigten Terme und subtrahiert sie direkt wieder (dies dürfte von der quadratischen Ergänzung bekannt sein und wird manchmal als „nahrhafte Null" bezeichnet). Wir kümmern uns hier zunächst einmal darum, den Startwert der Summe auf 0 zu bekommen. Wie würde der entsprechende Summand für $k=0$ aussehen? Dazu setzen wir den Wert $k=0$ in die Summationsvorschrift ein und bekommen $\dfrac{0+1}{0^2+1} = 1$. Also addieren und subtrahieren wir 1 und fassen die Summe neu zusammen:

$$\sum_{k=1}^{n-1} \frac{k+1}{k^2+1} = \left(\sum_{k=1}^{n-1} \frac{k+1}{k^2+1}\right) + 1 - 1 = 1 + \left(\sum_{k=1}^{n-1} \frac{k+1}{k^2+1}\right) - 1 = \left(\sum_{k=0}^{n-1} \frac{k+1}{k^2+1}\right) - 1$$

Somit haben wir den Startwert der Summe auf 0 gesetzt. Wir kümmern uns nun um den Endwert der Summe. Dieser soll $n+1$ sein, d.h. vom aktuellen Endwert $n-1$ fehlen zwei Schritte: n und $n+1$. Die zugehörigen Summanden addieren und subtrahieren wir wieder entsprechend, um nach einer Umordnung die Summe neu zusammenfassen zu können:

$$\left(\sum_{k=0}^{n-1} \frac{k+1}{k^2+1}\right) - 1 \overset{*}{=} \left(\sum_{k=0}^{n-1} \frac{k+1}{k^2+1}\right) + \frac{n+1}{n^2+1} - \frac{n+1}{n^2+1} - 1$$

$$= \left(\sum_{k=0}^{n} \frac{k+1}{k^2+1}\right) - \frac{n+1}{n^2+1} - 1$$

$$\overset{\star}{=} \left(\sum_{k=0}^{n} \frac{k+1}{k^2+1}\right) - \frac{n+1}{n^2+1} + \frac{(n+1)+1}{(n+1)^2+1} - \frac{(n+1)+1}{(n+1)^2+1} - 1$$

$$= \left(\sum_{k=0}^{n} \frac{k+1}{k^2+1}\right) + \frac{(n+1)+1}{(n+1)^2+1} - \frac{n+1}{n^2+1} - \frac{(n+1)+1}{(n+1)^2+1} - 1$$

$$= \left(\sum_{k=0}^{n+1} \frac{k+1}{k^2+1}\right) - \frac{n+1}{n^2+1} - \frac{(n+1)+1}{(n+1)^2+1} - 1$$

In $*$ wird der Summand für $k=n$ addiert und direkt wieder subtrahiert, in $\star$ wird der Summand für $k=n+1$ addiert und subtrahiert. Die drei einzelnen Summanden können jetzt noch zusammengefasst und als ein einzelner Bruch geschrieben werden, das soll hier aber nicht weiter ausgeführt werden. Dieses Abspalten/Hinzufügen von Summanden ist eine sehr häufig genutzte Umformung von Summentermen und kommt entsprechend oft vor.

4.2 Indexverschiebung

Eine Indexverschiebung verändert ähnlich wie das Abspalten/Hinzufügen von Summanden den Start- und Endwert der Summe. Sie verändert aber auch die Summationsvorschrift, die Bildungsvorschrift a_k für die einzelnen Summanden. Dies geschieht durch die Addition oder Subtraktion einer ganzen Zahl. Es gilt nämlich:

$$\sum_{k=1}^{n} a_k = \sum_{k=1+z}^{n+z} a_{k-z}$$

Umgangssprachlich: wir vergrößern den Start- und Endwert um die gleiche Zahl z, dann müssen wir in jedem einzelnen Summanden den Wert der Laufvariable um z verkleinern, damit wir nicht zuviel oder zu wenig haben und der Summenwert gleich bleibt.

Wie sieht das nun konkret aus? Wir nehmen uns mal eine Summe und führen eine Indexverschiebung durch:

$$\sum_{k=3}^{5} \frac{k}{k^2 + 5}, \text{ wir verschieben den Index jetzt um 3 nach oben, d.h. der Start- und Endwert wer-}$$

den um 3 vergrößert. Damit die Summe gleich bleibt, ziehen wir in der Summationsvorschrift von jedem k diese Vergrößerung um 3 ab:

$$\sum_{k=6}^{8} \frac{(k-3)}{(k-3)^2 + 5}$$

Der Nutzen der Indexverschiebung ist stark von der jeweiligen Aufgabe abhängig, eine Indexverschiebung kann eine gegebene Summe komplizierter machen (dies wäre hier der Fall gewesen) oder auch deutlich vereinfachen. Die Indexverschiebung die wir hier beispielhaft durchgeführt haben, verfolgt natürlich kein weiteres Ziel.

Ob man eine Indexverschiebung durchführen muss, lässt sich auf den ersten Blick oft nicht sagen, wenn man sie macht, ist das Vorgehen aber immer das hier beschriebene. Im Gegensatz zum Abspalten oder Hinzufügen von Summanden, erfordert die Indexverschiebung ein klein wenig Erfahrung im Umgang mit Summen. Diese lässt sich nur durch Üben erlangen. Einige Anwendungen von Indexverschiebungen werden auch in den Übungsaufgaben noch behandelt.

4.3 Teleskopsumme

Die Teleskopsumme ist eine Summe von sehr besonderer Bauart. Die oben bereits erwähnte Summe $\sum_{k=1}^{5}\left(\frac{1}{k}-\frac{1}{k+1}\right)$ ist eine solche Teleskopsumme. Was macht eine Teleskopsumme aus? Wenn man sich die Summanden der Summe einmal ausschreibt, so sollte auffallen, dass sich bis auf zwei Summanden alles zu 0 addiert:

$$
\sum_{k=1}^{5}\left(\frac{1}{k}-\frac{1}{k+1}\right)
$$
$$
= (\frac{1}{1}-\frac{1}{1+1})+(\frac{1}{2}-\frac{1}{2+1})+(\frac{1}{3}-\frac{1}{3+1})+(\frac{1}{4}-\frac{1}{4+1})+(\frac{1}{5}-\frac{1}{5+1})
$$
$$
= 1 - \frac{1}{\cancel{2}}+\frac{1}{\cancel{2}}-\frac{1}{\cancel{3}}+\frac{1}{\cancel{3}}-\frac{1}{\cancel{4}}+\frac{1}{\cancel{4}}-\frac{1}{\cancel{5}}+\frac{1}{\cancel{5}}-\frac{1}{6}
$$
$$
= 1 - \frac{1}{6}
$$

Ist eine Summe von der Form $\sum_{k=1}^{n}(a_k - a_{k+1})$, so handelt es sich immer um eine Teleskopsumme. In der Summe oben haben wir $a_k - a_{k+1} = \frac{1}{k} - \frac{1}{k+1}$, also kann man schon daran erkennen, dass es sich um eine Teleskopsumme handelt. Hat man eine Teleskopsumme identifiziert, so kann man ohne große Umformungen den Summenwert angeben: $\sum_{k=1}^{n}(a_k - a_{k+1}) = a_1 - a_{n+1}$. Dass diese Gleichung gilt, kann man durch das oben beschriebene Abspalten/Hinzufügen von Summanden beweisen.

Bezogen auf die Summe oben (dort haben wir $n = 5$ und $a_k = \frac{1}{k}$) entspricht dies also

$$
\sum_{k=1}^{5}\left(\frac{1}{k}-\frac{1}{k+1}\right) = \underbrace{a_1}_{=\frac{1}{1}} - \underbrace{a_{n+1}}_{=\frac{1}{6}} = 1 - \frac{1}{6} = \frac{5}{6}.
$$

Es gibt natürlich noch mehr Möglichkeiten, eine Summe umzuformen und zu vereinfachen. Als Stichworte wären hier z.B. die geometrische Summenformel, Gaußsche Summenformel bzw. generell Summenformeln oder auch die Umkehrung der Reihenfolge der Summanden zu nennen. Auf eine umfassende Beschreibung dieser Möglichkeiten wollen wir an dieser Stelle aber nicht weiter eingehen, und es bei diesen drei grundlegenden Prinzipien belassen.

5 Besondere Summen und Summenformeln

So lästig es sein mag eine Summe mit vorgegebenem Start- und Endwert auszurechnen, so lässt sich die Arbeit auf mechanisches Rechnen reduzieren. Für einige Summentypen gibt es aber gewissermaßen Abkürzungen, um einerseits schneller zum Ziel zu kommen, andererseits um auch für Summen mit beliebigem Start- oder Endwert einen möglichst einfachen Ausdruck angeben zu können.

Für zwei besondere Summen kann man den Summenwert direkt und ohne großen Rechenaufwand hinschreiben:

1. Ist der Startwert kleiner als der Endwert, so hat man die sogenannten leere Summe. Der Wert der leeren Summe ist 0. Allgemein gesagt: wenn $m > n$ ist, gilt

$$\sum_{k=m}^{n} a_k = 0.$$

$\sum_{k=5}^{3} k^2 = 0$, da der Endwert kleiner als der Startwert ist. Bei der leeren Summe ist die Bildungsvorschrift für die einzelnen Summanden nicht von Bedeutung. Auch

$$\sum_{l=61}^{51} \frac{1}{\sin(l \cdot \sqrt{e^l})} \cdot \ln(\cos(l^2 + 2l - \binom{l^2}{l}))$$

ist die leere Summe und somit $\sum_{l=61}^{51} \frac{1}{\sin(l \cdot \sqrt{e^l})} \cdot \ln(\cos(l^2 + 2l - \binom{l^2}{l})) = 0$.

2. Ist die Bildungsvorschrift konstant, d.h. ist $a_k = c$ für alle vorkommenden Werte von k, so gilt:

$$\sum_{k=m}^{n} c = (n - m + 1) \cdot c$$

Anstatt einer Summe haben wir hier also ein einfaches Produkt. Da jeder Summand c ist, müssen wir nur die Anzahl der Summanden zählen. Diese ist gerade durch $(n-m+1)$ gegeben. Somit haben wir $(n - m + 1)$ mal den Summanden c.

$$\sum_{k=4}^{15} 3 = (15 - 4 + 1) \cdot 3 = 12 \cdot 3 = 36$$

Neben diesen zwei besonderen Summen, gibt es noch eine Fülle an Summenformeln. Eine der bekanntesten Summenformeln geht auf Carl Friedrich Gauß zurück.

Der genaue Wortlaut der Aufgabe wird nicht überliefert, oftmals wird aber die Summation der Zahlen von 1 bis 100 angeführt. Es gibt verschiedene Vermutungen, wie Gauß diese Aufgabe ohne großen Zeitaufwand (und vor allem ohne sämtliche Zahlen einzeln per Hand zu addieren) gelöst hat. Zumindest implizit hat er die nach ihm benannte Gaußsche Summenformel verwendet. Diese besagt:

$$\sum_{k=1}^{n} k = 1 + 2 + 3 + \cdots + n = \frac{n(n+1)}{2}$$

Anstatt alle Zahlen von 1 bis n zu addieren, kann man also auch das Produkt von n und $(n+1)$ bilden und durch 2 teilen. Je nach Anzahl der Summanden, d.h. je nachdem wie groß n ist, ist die zweite Methode deutlich schneller. Wenn man eine konkrete Zahl für n vorgegeben hat, ist diese Summenformel also für die Berechnung schon einmal sehr nützlich.

Wir wollen alle natürlichen Zahlen von 1 bis 10000 addieren. Um möglichst wenig Zeit und Papier zu verbrauchen, nutzen wir dafür die Gaußsche Summenformel mit $n = 10000$:

$$\sum_{k=1}^{10000} k = \frac{10000 \cdot 10001}{2} = 5000 \cdot 10001 = 1000 \cdot 5 \cdot 10001 = 1000 \cdot 50005 = 50.005.000$$

Aber auch in der allgemeinen Form wie sie oben steht ist diese Summenformel bzw. Summenformeln allgemein von Bedeutung. Anstatt mit der Summe $\sum_{k=1}^{n}$ arbeiten zu müssen, können wir den handlicheren Ausdruck $\frac{n(n+1)}{2}$ verwenden.

Den Beweis der Summenformel werden wir hier nicht führen. Auch die folgenden Summenformeln werden wir nicht beweisen, sondern es bei einer Übersicht ausgewählter (d.h. wichtiger und häufig vorkommender) Summenformeln belassen.

1. $\displaystyle\sum_{k=1}^{n} k = \frac{n(n+1)}{2}$ (Summe der ersten n Zahlen)

2. $\displaystyle\sum_{k=1}^{n} 2k = 2 + 4 + 6 + \cdots + 2n = n(n+1)$ (Summe der ersten n geraden Zahlen)

3. $\displaystyle\sum_{k=1}^{n} (2k-1) = 1 + 3 + \cdots + (2n-1) = n^2$ (Summe der ersten n ungeraden Zahlen)

4. $\displaystyle\sum_{k=1}^{n} k^2 = 1^2 + 2^2 + 3^2 + \cdots + n^2 = \frac{1}{6}n(n+1)(2n+1)$ (Summe der ersten n Quadratzahlen)

5. $\displaystyle\sum_{k=0}^{n} q^k = \frac{1 - q^{n+1}}{1 - q}$ für $q \neq 1$ (Geometrische Summenformel, man beachte den Startwert)

6. $\displaystyle\sum_{k=0}^{n} \binom{n}{k} a^k b^{n-k} = \sum_{k=0}^{n} \binom{n}{k} a^{n-k} b^k = (a+b)^n$ mit $a, b \in \mathbb{R}$ (Binomischer Lehrsatz)

6 Aufgaben (und Lösungen) zum Summenzeichen

Ohne Anwendung bleibt auch die schönste Theorie nur eine Theorie. Daher bearbeiten wir zum Abschluss einige Aufgaben, die man „normalerweise" unter Verwendung des Summenzeichen löst bzw. das Summenzeichen während der Bearbeitung verwendet wird. Ob man alle Aufgaben wirklich so lösen muss, soll hier nicht thematisiert werden.

1. Schreibe mit dem Summenzeichen:

    a) $3 + 5 + 7 + \cdots + 21$

    b) $\dfrac{1}{2} + \dfrac{2}{3} + \dfrac{3}{4} + \dfrac{4}{5}$

    c) $1 + \dfrac{1}{2} + \dfrac{1}{4} + \dfrac{1}{8} + \cdots + \dfrac{1}{1024}$

    d) $q - q^2 + q^3 - q^4 + \cdots - q^{10}$

2. Berechne die folgenden Summen:

    a) $\displaystyle\sum_{j=1}^{3} j(j+1)$

    b) $\displaystyle\sum_{k=1}^{101} 3$

    c) $\displaystyle\sum_{n=2}^{20} (3n^2 + 7n - 2)$

    d) $\displaystyle\sum_{k=6}^{14} \dfrac{3}{2^k}$

    e) $\displaystyle\sum_{k=1}^{n} \binom{n}{k}$

    f) $\displaystyle\sum_{k=1}^{n} (-1)^k \binom{n}{k}$

    g) $\displaystyle\sum_{k=1}^{9} \left(\dfrac{1}{k} - \dfrac{1}{k+1} \right)$

3. Beweise die folgende Summenformel:

$$\sum_{k=1}^{n} \frac{1}{k^2 + k} = \frac{n}{n+1} \quad \text{für alle } n \in \mathbb{N}$$

Die ersten beiden Aufgaben lassen sich ohne weiteres Vorwissen lösen, für die dritte Aufgabe werden wir die vollständige Induktion verwenden.

1. Schreibe mit dem Summenzeichen:

Zu dieser Aufgabe als Vorbemerkung: es gibt nicht **die** richtige Lösung für diese Aufgaben. Schließlich haben wir mit der Indexverschiebung eine Möglichkeit, eine Summe anders zu schreiben indem wir Start- und Endwert sowie die Bildungsvorschrift anpassen. So hatten wir z.b. mit einer Indexverschiebung die Gleichheit der folgenden Summen begründet:

$$\sum_{k=3}^{5} \frac{k}{k^2+5} = \sum_{k=6}^{8} \frac{(k-3)}{(k-3)^2+5}$$

Es kann also verschiedene Darstellungen geben, welche als Lösung in Frage kommen.

a) Es werden die ungeraden Zahlen von 3 bis 21 aufsummiert. Die Bildungsvorschrift für die Summe ungerader Zahlen ist durch $a_k = 2k - 1$ gegeben. Da der erste Summand 3 ist, muss unsere Summe mit $k = 2$ beginnen. Dies könnte man auch explizit berechnen:

$$3 = 2k - 1 \Leftrightarrow 4 = 2k \Leftrightarrow 2 = k$$

Die 21 als letzter Summand gibt uns den Endwert der Summe an:

$$21 = 2k - 1 \Leftrightarrow 22 = 2k \Leftrightarrow 11 = k$$

Also bekommen wir als Darstellung mit dem Summenzeichen:

$$3 + 5 + 7 + \cdots + 21 = \sum_{k=2}^{11} 2k - 1$$

b) Sowohl Zähler als auch Nenner werden jeweils um 1 vergrößert, der Zähler startet bei 1, der Nenner startet bei 2. Der Nenner ist also immer um 1 größer als der Zähler. Das führt zur folgenden Summendarstellung:

$$\frac{1}{2} + \frac{2}{3} + \frac{3}{4} + \frac{4}{5} = \sum_{k=1}^{4} \frac{k}{k+1}$$

c) Der Zähler jedes Summanden bleibt konstant 1, der Nenner verdoppelt sich immer wieder, d.h. der Nenner besteht aus einer Zweierpotenz. Wenn man noch zusätzlich $2^0 = 1$ beachtet, kann man auch den ersten Summanden mit einer Zweierpotenz im

Nenner schreiben und erhält als Summendarstellung:

$$\sum_{k=0}^{10} \frac{1}{2^k}$$

d) Bei jedem Summand wechselt das Vorzeichen, das wird durch den Faktor $(-1)^k$ bzw. $(-1)^{k+1}$ in der Bildungsvorschrift der Summe erreicht. Da bei den ungeraden Potenzen (q, q^3, q^5) das Vorzeichen positiv und bei den geraden Potenzen (q^2, q^4, q^6) negativ ist, erhält man als Summendarstellung:

$$q - q^2 + q^3 - q^4 + \cdots - q^{10} = \sum_{k=1}^{10}(-1)^{k+1}q^k$$

2. Berechne die Summen:

a) Die Summe $\sum_{j=1}^{3} j(j+1)$ kann man einfach ausrechnen, indem man für j nacheinander die Werte von 1 bis 3 einsetzt und die Ergebnisse jeweils aufaddiert.

$$\sum_{j=1}^{3} j(j+1) = 1(1+1) + 2(2+1) + 3(3+1) = 2 + 6 + 12 = 20$$

Man kann diese Summe auch unter Verwendung der Rechenregeln auf eine der Summenformeln zurückführen, bei nur drei Summanden ist der Aufwand dafür aber nicht lohnenswert.

b) Bei dieser Summe ist die Bildungsvorschrift konstant, also können wir den Summenwert direkt berechnen:

$$\sum_{k=1}^{101} 3 = (101 - 1 + 1) \cdot 3 = 303$$

c) Um die Summe $\sum_{n=2}^{20}(3n^2 + 7n - 2)$ zu berechnen, werden wir die Rechenregeln anwenden und Summanden hinzufügen, um den Startwert der Summe auf 1 zu bringen.

17

Danach können wir einige der Summenformeln anwenden.

$$\sum_{n=2}^{20}(3n^2 + 7n - 2) = \sum_{n=2}^{20}(3n^2 + 7n - 2) + (3 \cdot 1^2 + 7 \cdot 1 - 2) - (3 \cdot 1^2 + 7 \cdot 1 - 2)$$

$$= \sum_{n=1}^{20}(3n^2 + 7n - 2) - (3 + 7 - 2)$$

$$= \sum_{n=1}^{20} 3n^2 + \sum_{n=1}^{20} 7n - \sum_{n=1}^{20} 2 - 8$$

$$= 3 \cdot \sum_{n=1}^{20} n^2 + 7 \cdot \sum_{n=1}^{20} n - \sum_{n=1}^{20} 2 - 8$$

Wir haben jetzt die Summe der ersten 20 Quadratzahlen und die Summe der ersten 20 Zahlen zu berechnen, dafür können wir die Summenformeln verwenden und erhalten schließlich:

$$3 \cdot \frac{1}{6} \cdot 20(20 + 1)(2 \cdot 20 + 1) + 7 \cdot \frac{20(20 + 1)}{2} - (20 - 1 + 1) \cdot 2 - 8 = 10032$$

d) Um die Summe $\sum_{k=6}^{14} \frac{3}{2^k}$ zu berechnen, können wir zunächst den konstanten Faktor 3 vor die Summe ziehen und anschließend die Potenzgesetze anwenden:

$$\sum_{k=6}^{14} \frac{3}{2^k} = 3 \cdot \sum_{k=6}^{14} \frac{1}{2^k} = 3 \cdot \sum_{k=6}^{14} \frac{1^k}{2^k} = 3 \cdot \sum_{k=6}^{14} \left(\frac{1}{2}\right)^k$$

Die Summe sollte nun an die geometrische Summenformel erinnern:

$$\sum_{k=0}^{n} q^k = \frac{1 - q^{n+1}}{1 - q} \text{ für } q \neq 1$$

In diesem Fall haben wir $q = \frac{1}{2}$, allerdings stimmt der Startwert noch nicht überein. Um die geometrische Summenformel anzuwenden, muss der Startwert der Summe bei 0 sein. Um das zu erreichen, haben wir hier zwei Möglichkeiten.

Wir können Summanden hinzufügen, um den Startwert der Summe auf 0 zu bringen. Also müssen wir die Summanden $\left(\frac{1}{2}\right)^k$ für $k = 0, 1, 2, 3, 4, 5, 6$ addieren und gleich wieder subtrahieren. Das führt uns zum richtigen Ergebnis, artet aber in eine umfangreiche Rechnerei aus:

$$3 \cdot \sum_{k=6}^{14} \left(\frac{1}{2}\right)^k = 3\left(\sum_{k=0}^{14}\left(\frac{1}{2}\right)^k - \left(\frac{1}{2}\right)^0 - \left(\frac{1}{2}\right)^1 - \left(\frac{1}{2}\right)^2 - \left(\frac{1}{2}\right)^3 - \left(\frac{1}{2}\right)^4 - \left(\frac{1}{2}\right)^5 - \left(\frac{1}{2}\right)^6\right)$$

$$= 3\left(\sum_{k=0}^{14}\left(\frac{1}{2}\right)^k - 1 - \frac{1}{2} - \frac{1}{4} - \frac{1}{8} - \frac{1}{16} - \frac{1}{32} - \frac{1}{64}\right)$$

$$= 3\left(\frac{1-\left(\frac{1}{2}\right)^{15}}{1-\frac{1}{2}} - 1 - \frac{1}{2} - \frac{1}{4} - \frac{1}{8} - \frac{1}{16} - \frac{1}{32} - \frac{1}{64}\right)$$

Man müsste nun noch alle Brüche gleichnamig machen, $\left(\frac{1}{2}\right)^{15}$ berechnen und alles addieren bzw. subtrahieren.

Man kann die Summe auch mit einer Indexverschiebung berechnen, was deutlich schneller ist und mit weniger Rechenschritten auskommt. Wir müssen den Startwert von 6 auf 0 bringen, also verschieben wir den Index um $z = -6$:

$$3 \cdot \sum_{k=6}^{14}\left(\frac{1}{2}\right)^k = 3 \cdot \sum_{k=6-6}^{14-6}\underbrace{\left(\frac{1}{2}\right)^{k+6}}_{=a_{k+6}} = 3 \cdot \sum_{k=0}^{8}\left(\frac{1}{2}\right)^{k+6} = 3 \cdot \sum_{k=0}^{8}\left(\frac{1}{2}\right)^6 \cdot \left(\frac{1}{2}\right)^k$$

Um die geometrische Summenformel anwenden zu können, muss der Startwert bei 0 sein und der Exponent darf nur aus der Laufvariable bestehen. Daher muss hier zunächst mit den Potenzgesetzen gearbeitet und der konstante Faktor $\left(\frac{1}{2}\right)^6$ vor die Summe gezogen werden. Nun kann man aber die geometrische Summenformel anwenden:

$$3 \cdot \sum_{k=0}^{8}\left(\frac{1}{2}\right)^6 \cdot \left(\frac{1}{2}\right)^k = 3 \cdot \left(\frac{1}{2}\right)^6 \cdot \sum_{k=0}^{8}\left(\frac{1}{2}\right)^k = 3 \cdot \frac{1}{64} \cdot \frac{1-\left(\frac{1}{2}\right)^9}{1-\frac{1}{2}} = \frac{3}{64} \cdot \frac{1-\frac{1}{512}}{\frac{1}{2}}$$

$$= \frac{3}{32} \cdot \frac{511}{512}$$

Wer sich dazu berufen fühlt, kann auch gerne das letzte Produkt noch berechnen (natürlich ohne einen Taschenrechner zu verwenden).

e) Um die Summe $\sum_{k=1}^{n}\binom{n}{k}$ zu berechnen, verwenden wir wieder eine Summenformel. Dazu ergänzen wir die Bildungsvorschrift der Summe um den Faktor 1:

$$\sum_{k=0}^{n}\binom{n}{k} = \sum_{k=0}^{n}\binom{n}{k} \cdot 1 = \sum_{k=0}^{n}\binom{n}{k} \cdot 1^k = \sum_{k=0}^{n}\binom{n}{k} \cdot 1^k \cdot 1^{n-k}$$

19

Somit können wir hier den binomischen Lehrsatz mit $a = 1$ und $b = 1$ anwenden. Also ist das Ergebnis dieser Summe:

$$\sum_{k=0}^{n} \binom{n}{k} = \sum_{k=0}^{n} \binom{n}{k} \cdot 1^k \cdot 1n - k = (1+1)^n = 2^n$$

f) Um die Summe $\sum_{k=0}^{n}(-1)^k \binom{n}{k}$ zu berechnen, ergänzen wir wieder die Bildungsvorschrift der Summe um den Faktor 1 und verwenden den binomischen Lehrsatz:

$$\sum_{k=0}^{n}(-1)^k \cdot \binom{n}{k} = \sum_{k=0}^{n} \binom{n}{k} \cdot (-1)^k \cdot 1^{n-k} = (-1+1)^n = 0$$

g) Die Summe $\sum_{k=1}^{9}\left(\frac{1}{k} - \frac{1}{k+1}\right)$ haben wir bereits als Teleskopsumme identifiziert mit $a_k = \frac{1}{k}$ und $a_{k+1} = \frac{1}{k+1}$. Damit können wir die Summe direkt ausrechnen:

$$\sum_{k=1}^{9}\left(\frac{1}{k} - \frac{1}{k+1}\right) = a_1 - a_{9+1} = 1 - \frac{1}{10} = \frac{9}{10}$$

3. Beweise die folgende Aussage:

$$\sum_{k=1}^{n} \frac{1}{k^2 + k} = \frac{n}{n+1} \text{ für alle } n \in \mathbb{N}$$

Wir verwenden die vollständige Induktion, um die Summenformel zu beweisen:

IA: Für $n = 1$ gilt:

$$\sum_{k=1}^{1} \frac{1}{k^2 + k} = \frac{1}{1^2 + 1} = \frac{1}{2} = \frac{1}{1+1} \checkmark$$

IV: Die Behauptung gelte für ein festes, aber beliebiges $n \in \mathbb{N}$.

IS: $n \to n + 1$

Zu zeigen: $\displaystyle\sum_{k=1}^{n+1} \frac{1}{k^2+k} = \frac{n+1}{(n+1)+1} = \frac{n+1}{n+2}$

$$\sum_{k=1}^{n+1} \frac{1}{k^2+k} = \sum_{k=1}^{n} \frac{1}{k^2+k} + \frac{1}{(n+1)^2+(n+1)}$$

$$\overset{IV}{=} \frac{n}{n+1} + \frac{1}{(n+1)^2+(n+1)}$$

$$= \frac{n}{n+1} + \frac{1}{(n+1)\,((n+1)+1)}$$

$$= \frac{n(n+2)}{(n+1)(n+2)} + \frac{1}{(n+1)(n+2)}$$

$$= \frac{n(n+2)+1}{(n+1)(n+2)}$$

$$= \frac{n^2+2n+1}{(n+1)(n+2)}$$

$$= \frac{(n+1)^2}{(n+1)(n+2)}$$

$$= \frac{n+1}{n+2}$$

Mit dem Prinzip der vollständigen Induktion folgt die Behauptung für alle $n \in \mathbb{N}$.

Dies soll nur eine kurze Auswahl möglicher Aufgaben sein, die den Umgang mit dem Summenzeichen erfordern. Es gibt natürlich auch noch andere Aufgaben die keinem der hier aufgeführten Typen entsprechen.